科学のアルバム

ヒマワリのかんさつ

叶沢　進●写真
白子森蔵●文

あかね書房

もくじ

構成●七尾　純
イラスト●渡辺洋二
　　　　　林　四郎
装丁●画　工　舎

科学のアルバム

ヒマワリのかんさつ

叶沢 進（かのうざわ すすむ）

一九四二年、東京都池袋《いけぶくろ》に生まれる。三歳《さい》の時、長野県に疎開《そかい》し、高校までを過《す》ごす。

一九六七年、日本大学芸術《げいじゅつ》学部写真学科を卒業《そつぎょう》。

卒業と同時にフリーのカメラマンとしてコマーシャル関係の写真をてがけ、自費出版《じひしゅっぱん》の文集「文月《ふみづき》」を通して、さまざまなドキュメンタリー写真を試みた。

植物の世界に情熱《じょうねつ》をかたむけ、とくに野の草花を主として撮《と》りつづけたが、このヒマワリの写真を撮り終えた一九七三年六月、急逝《きゅうせい》。

白子森蔵（しらこ もりぞう）

一九二三年、東京都世田谷区に生まれる。

一九四三年、東京第二師範《しはん》学校卒業。

一九四八年、東京大学理学部植物学科の聴講生修了《ちょうこうせいしゅうりょう》。

小学校時代から植物や園芸《えんげい》に興味《きょうみ》をもって、植物採集《さいしゅう》などをつづけた。

東京都世田谷区立深沢小学校校長に従事《じゅうじ》するなど、小学校理科教育の面でも、多くの業績《ぎょうせき》を残《のこ》している。

おもな著書に「理科事典」（教材社）がある。

大《おお》きな花《はな》、大《おお》きな葉《は》
ヒマワリは、夏《なつ》の花《はな》のだいひょうです。
どのようにそだっていくか
かんさつしてみましょう。

めはどこからでるのかな

このひとつぶのたねの中《なか》に、ヒマワリのひみつがぜんぶかくされているのです。

めは、どこからでるのでしょう。ふくらんだおなかか、それとも、とがったさきからか、もしかすると、よこからかもしれない。

たいようの向《む》きにまわるのかな

お日《ひ》さまといっしょにまわるから、ヒマワリという名《な》がついたといわれるけれど、もしほんとうなら、朝《あさ》は東《ひがし》を、夕方《ゆうがた》は西《にし》を向《む》いているはずです。

葉《は》がまわるだろうか、くきがまわるだろうか、それとも花《はな》がまわるだろうか。

花《はな》はどこからさくのかな

花《はな》は、キクの花《はな》とよくにています。まわりにたくさんの黄《き》色《いろ》い花《はな》びらがついています。よくみると、内《うち》がわのほうにもたくさんの花《はな》が……。

ヒマワリは、どこからさきはじめるのでしょう。外《そと》がわからかな、それとも内《うち》がわからかな……。

さあ、ヒマワリのたねをまいて、
ひみつのとびらを、あけてみましょう。

たねは、はちや木《き》ばこにまいて
なえをそだて、ほん葉《ば》がでたら
日《ひ》あたりのいい地面《じめん》に、うえかえます。

➡たねのかわをつけたまま、めをだした。めとねは、たねのとがったさきのほうからでてきた。

5月《がつ》4日《か》　めがでた

たねをまいてからやく三日後《かご》、かたいかわをわって、ねがそとへのびだしてきました。

土《つち》の中《なか》で、たねは水《みず》をすって、ねむりからさめ、成長《せいちょう》をはじめたのです。

そして、たねまきから七日《か》め、やっと土《つち》の中《なか》からめがでてきました。たねのかわを、ぼうしのようにかぶったままです。

時間《じかん》がたつと、まがっためは、くびをのばすように、まっすぐにのびていきます。

たねをまいた。

五日《か》め。ねが四センチメートルになった。

三日《か》め。たねのさきからねがでた。

四日《か》め。ねが下《した》のほうにのびた。

七日《か》め。めがねにおしあげられるようにして、地《じ》面《めん》の上《うえ》にあたまをもちあげた。

➡めがふたつにわれて、ふた葉《ば》になる。ふた葉《ば》のあいだから、ほん葉《ば》のめがのぞいている。

5月《がつ》10日《か》 ほん葉《ば》がでてきた

めがふたつにわかれて、手《て》をひろげたようなふた葉《ば》になりました。

ふた葉《ば》は、養分《ようぶん》をたくさんたくわえているので、小《ち》さいくせにあつみがたっぷりあります。

しばらくのあいだは、このふた葉《ば》の養分《ようぶん》でそだつことになります。

ふた葉《ば》のあいだに、小《ち》さい葉《は》がみえてきました。

こんどは、どんなかたちの、どんなあつみの葉《は》が、どんな向《む》きにのびてくるでしょう。つづけてしらべてみることにしましょう。

5月《がつ》13日《にち》

あたらしくでてきた葉《は》には、ふた葉《ば》のようなあつみがありません。どんなやくめをするのでしょう。

5月《がつ》24日《か》

あたらしい葉《は》がのびて、やっとヒマワリらしい葉《は》になってきました。これが、ほん葉《ば》だったのです。

➡ほん葉《ば》がのびてくると、やくめをおわったふた葉《ば》（矢《や》じるし）はかれてしまう。

5月《がつ》26日《にち》　ふた葉《ば》がしおれた

ふた葉《ば》が、だんだんしおれてきました。どうしたのでしょう。

いよいよ、ほん葉《ば》がそだってきたので、ふた葉《ば》のやくめはおわったのです。

これからは、ほん葉《ば》がじぶんで日光《にっこう》のたすけをかりて、養《よう》分《ぶん》をつくってそだちます。

⬆(上)**ふた葉《ば》**　大《おお》きくはならない。養《よう》分《ぶん》がつかいはたされると，かれて落《お》ちてしまう。
(下)**ほん葉《ば》**　くきの成長《せいちょう》とともに大《おお》きくなり，日光《にっこう》のたすけをかりて，ヒマワリが成長《せいちょう》するための養分《ようぶん》をつくりつづける。

5月《がつ》16日《にち》 ヒマワリがまわった

ここでもういちど、ほん葉《ば》がでてきたころのことを、ふりかえってみましょう。ヒマワリのせたけは、十センチメートルくらいです。朝《あさ》み夕方《ゆうがた》、水《みず》をまいたとき、きがつきました。ヒマワリの向《む》きが、たときとすこしちがっているのです。この時期《じき》のヒマワリのおさないくきは、たいようのうごきにつれて、まわるのです。

➡葉《は》のつけねの上《うえ》のほうから、えだわかれがはじまる。えだわかれは、くきの上《うえ》のほうにおくみられた。

6月《がつ》23日《にち》　えだわかれをはじめた

ヒマワリのくきは、ふとくてじょうぶなぼうのようです。

上《うえ》のほうをみると、葉《は》のえのつけねのところからも、めがでています。あたらしいえだになるのです。これを、えだわかれといいます。

えだわかれしたくきにも、花《はな》がさくのか、かんさつをつづけましょう。

ねからすいあげた水《みず》や養分《ようぶん》は、上《うえ》のえだわかれしたさきのほうまで、くきをつたわってはこばれていきます。

養分《ようぶん》は、くきのどこをとおって上《うえ》にのぼっていくのでしょう。

←インクをすわせてから、くきをたてとよこにきってみた。インクののぼっていった管《くだ》がよくわかる。ねからすいあげられた水《みず》や養分《ようぶん》がこの管《くだ》をとおって、葉《は》やつぼみにはこばれる。

➡たがいちがいにのびたほん葉《ば》。くきのさきに小《ちい》さなつぼみができている。

⬅よこからみたつぼみ。えだわかれしたくきにも、小《ちい》さいつぼみがついている。

7月《がつ》8日《か》　つぼみができた

ヒマワリは、二メートル十センチにもなりました。

葉《は》も、どんどん大《おお》きくなりました。葉《は》のつきかたをよくみてください。どの葉《は》も日光《にっこう》をうけやすいように、たがいちがいにのびています。

くきのさきに、小《ちい》さなかたまりができていました。これが、つぼみです。一日《にち》、一日《にち》と日《ひ》がたつうちに、つぼみが、どんどん大《おお》きくなっていきます。

えだわかれしたさきのほうにも、小《ちい》さなかたまりができています。これも、つぼみです。

7月《がつ》18日《にち》　大《おお》きくふくらんだつぼみ。まだ，ほうにつつまれている。

7月《がつ》23日《にち》　ほうがむけて，中《なか》の花《はな》びらがみえてきた。

つぼみが大《おお》きくなった

くきのさきのつぼみが、ちょっけい八センチメートルくらいになりました。でも、まだかたいかたまりです。

つぼみをつつんでいるとがったものは、なんでしょうか。

これは、花《はな》のすぐ下《した》にある葉《は》が小《ちい》さくかわったもので、ほうといいます。

ほうは、つぼみをまわりからまもったり、つぼみに養分《ようぶん》をわけたりするやくめをします。ヒマワリのなかまには、みんなあります。つぼみが大《おお》きくなるにつれて、ほうがめくれはじめ、中《なか》から黄色《きいろ》い花《はな》びらがみえはじめます。

↑花《はな》びらがもりあがり，もうすぐ，花《はな》がさきそうだ。

←ひらきはじめたヒマワリの花《はな》。花《はな》びらが、一まい一まいめくれるようにしてさきすすむ。

7月《がつ》25日《にち》 ヒマワリがさきはじめた

ヒマワリの花《はな》が、ひらきはじめました。いままで、内《うち》がわにたおれていた花《はな》びらが、すこしずつ、外《そと》がわにひらいていきます。さきはじめてから、約《やく》一日《にち》半《はん》で、やっとぜんぶひらきおわります。

⬆やっと，ひらきおわったヒマワリ。

ヒマワリの葉《は》には，ふとい３本《ぼん》のみゃくがよく目《め》だちます。

３メートルいじょうものびたヒマワリ。日本《にっぽん》の草花《くさばな》のなかでは最大《さいだい》。

ヒマワリがさいた

ちょっけい三十センチメートルもある大《おお》きなヒマワリがさきました。

ヒマワリは、よくみるとたいようの向《む》きとはかんけいなく、あちらを向《む》いたりこちらを向《む》いたりしてさいています。

朝《あさ》、ひる、夜《よる》と、ヒマワリの向《む》きをくらべてみました。でも花《はな》のむきはかわっていません。

ヒマワリの花《はな》が、たいようのうごきをおいかけるように向《む》きをかえることはないのです。

➡ねもとのほうにさいた花《はな》。ちょっけい八センチメートルくらいしかない。

⬅わかれたえだにさいた花《はな》。ちょっけい十五センチメートルくらい。

大《おお》きい花《はな》と小《ちい》さい花《はな》

えだわかれしたくきにも、花《はな》がさきました。でも、下《した》にさいている花《はな》ほど、小《ちい》さい花《はな》です。なぜでしょう。それは、あつまっているひとつひとつの花《はな》の数《かず》がちがうからです。

まっすぐにのびたくきにさいている花《はな》は、二千《せん》いじょうの花《はな》があつまってできていますが、えだわかれしたくきの花《はな》はおよそ六百《ぴゃく》から千《せん》二百《ひゃく》くらいの数《かず》の花《はな》しかあつまっていません。

そのわけは、えだわかれしたくきがほそいので、養分《ようぶん》がすこししかいきわたらないためでしょう。

↑だんだん内《うち》がわの花《はな》もさきはじめた。

↑外《そと》がわの花《はな》が，まずひらきはじめた。

さきはじめた内《うち》がわの花《はな》

ヒマワリの花《はな》の内《うち》がわには、たくさんのつぶつぶがならんでいます。

このつぶのひとつひとつが、ひとつの花《はな》なのです。

花《はな》の内《うち》がわのようすが、時間《じかん》がたつうちにかわってきました。外《そと》がわの花《はな》からだんだん内《うち》がわへさきすすんで、めしべがでてきたからです。

内《うち》がわの花《はな》には、大《おお》きな花《はな》びらがありません。

でも、虫《むし》めがねでみると、めしべをかこむように、小《ちい》さな花《はな》びらがひらいているのがわかります。

⬆ぜんぶの花《はな》が，さきおわった。どの花《はな》からもめしべがのびている。

⬆ひらくまえの花《はな》をきってみると，めしべとおしべがびっしりつまっている。

➡まん中《なか》からきったヒマワリの花《はな》。たくさんの花《はな》があつまってできているようすが，よくわかる。大《おお》きな花《はな》びらがついているのは，一ばん外《そと》がわにある花《はな》だけ。

⬆ヒマワリの花《はな》をほぐしてみた。花《はな》のある位置《いち》によって，さきぐあいがちがう。

ひとつの花《はな》

ヒマワリの花《はな》のいくつかを、ちゅういぶかくぬきとって、くわしくしらべてみましょう。

花《はな》のついている場所《ばしょ》、さきぐあいによって、かたちがちがいます。

さきがふたつにわかれているのがめしべ　おしべは、めしべのねもとのほうに、めしべのまわりをとりまくようについています。

めしべの下《した》のほうにみえる白《しろ》いところは、しぼうといって、花《はな》がちったあと、たねのはいった実《み》になるところです。

←内《うち》がわの花《はな》をかくだいしてみる。さいた花《はな》や、これからさく花《はな》のちがいがわかる。なかには、花《か》ふんをつけているものがある。わかい花《はな》のさきから、ねばねばしたひかるものがでていることがある。虫《むし》めがねでしらべてみよう。

➡ヒマワリの花《か》ふん。まわりがぎざぎざになっているので、虫《むし》のからだやめしべなどにつきやすい。

⬇花《か》ふんをつけながら、のびてきためしべ。黒《くろ》いぼうのようなものがおしべ。

みつをすいに，とんできたモンシロチョウ。

みつや，花《か》ふんをあつめるアシナガバチ。

おしべとめしべ

花《はな》には、おしべとめしべがあって、おしべの花《か》ふんがめしべにはこばれてたねができます。

ヒマワリは、虫《むし》のたすけをかりなくても、花《か》ふんをめしべにつけることができます。

ヒマワリの花《はな》のめしべは、上《うえ》にのびながらまわりのおしべにこすれるようにしてふれ、花《か》ふんをつけるからです。

でも、おなじ花《はな》の花《か》ふんではよいたねがそだたないので、花《はな》のもとからみつをだして虫《むし》をよび、ほかのヒマワリの花《か》ふんをつけてもらいます。

➡夏《なつ》がおわるころ、まわりの花《はな》びらは、しおれる。

8月《がつ》9日《か》 花《はな》がしおれた

まわりの花《はな》びらが、しおれてしまいました。花《はな》の内《うち》がわも、すっかり黒《くろ》ずんでしまいました。

ヒマワリは、このままかれてしまうのでしょうか。

いいえ、ヒマワリには、たいせつなしごとがのこっています。たねをみのらせなければなりません。ヒマワリは、花《はな》や葉《は》の成長《せいちょう》をやめ、だんだんかれながら、たねをみのらせます。

花《はな》びらがとれ，まるいおぼんのようになった。
これから，たねがすこしずつ，じゅくしていく。

たねができた

たねが、おぼんのようにまるい花《はな》のもとに、ひとつぶ、ひとつぶ、きれいにならびました。

たねは、はばのひろくなったほうを上《うえ》にして、たてについています。

ひとつの花《はな》に、ひとつのたねができます。よくかんさつしてみましょう。

➡よくじゅくしたたね。じぶんのおもさで、おちてしまうこともある。

⬅たねは、まわりからじゅくしはじめる。花《はな》の内《うち》がわのたねは、まだじゅくしていない。

9月《がつ》21日《にち》　たねがこぼれた

大《おお》きな花《はな》ひとつから、こんなにたくさんのたねができました。ひとつぶひとつぶは、はじめにまいたたねとおなじです。

たねがじゅくすと、たねのついているところがかわいて、じぶんのおもみでぱらぱらおちます。

ヒマワリのたねには、あぶらがたくさんふくまれていて、食用《しょくよう》あぶらとしてもつかわれています。

➡すっかりじゅくしきったヒマワリのたね。

⬅ひとつの花《はな》からとれたたね。大《おお》きな花《はな》だと、二千《せん》つぶくらいとれる。

もうすぐ冬《ふゆ》。
ヒマワリは、すっかり
かれてしまいました。

また、らいねん、
おちたたねから、大《おお》きな
ヒマワリがそだつでしょう。

＊ヒマワリは、どこから日本《にっぽん》へ

ヒマワリのふるさとは、とおい北《きた》アメリカです。ワシントン州《しゅう》、カリフォルニア州《しゅう》、テキサス州《しゅう》の広《ひろ》い広《ひろ》いみわたすかぎりつづいた野原《のはら》で、しぜんにうまれてそだったのです。

ヒマワリの花《はな》は、たいようがかがやいているようにみえる大《おお》きな花《はな》でしたから、現地人《げんちじん》が、じぶんの家《いえ》の近《ちか》くにうえてたいせつにそだてるようになりました。そのうちに、たねが家畜《かちく》のえさになることや、じぶんたちも食《た》べられることを発見《はっけん》しました。

ヒマワリはどこから日本《にっぽん》へ

のちに、コロンブスがアメリカ大陸《たいりく》を発見《はっけん》してから、おおくの人《ひと》びとがこの花《はな》をみつけて、その大《おお》きさにおどろいたり、たねが役《やく》に立《た》つことをしって、ヨーロッパにもちかえってそだてました。

それから、世界中《せかいじゅう》にひろがっていきました。日《にっ》本《ぽん》にヒマワリがつたわってきたのは、いまからおよそ三百《びゃく》年《ねん》も前《まえ》の江戸《えど》時代《じだい》、となりの中国《ちゅうごく》から船《ふね》ではこばれたといわれています。

*ヒマワリのなかまのとくちょう

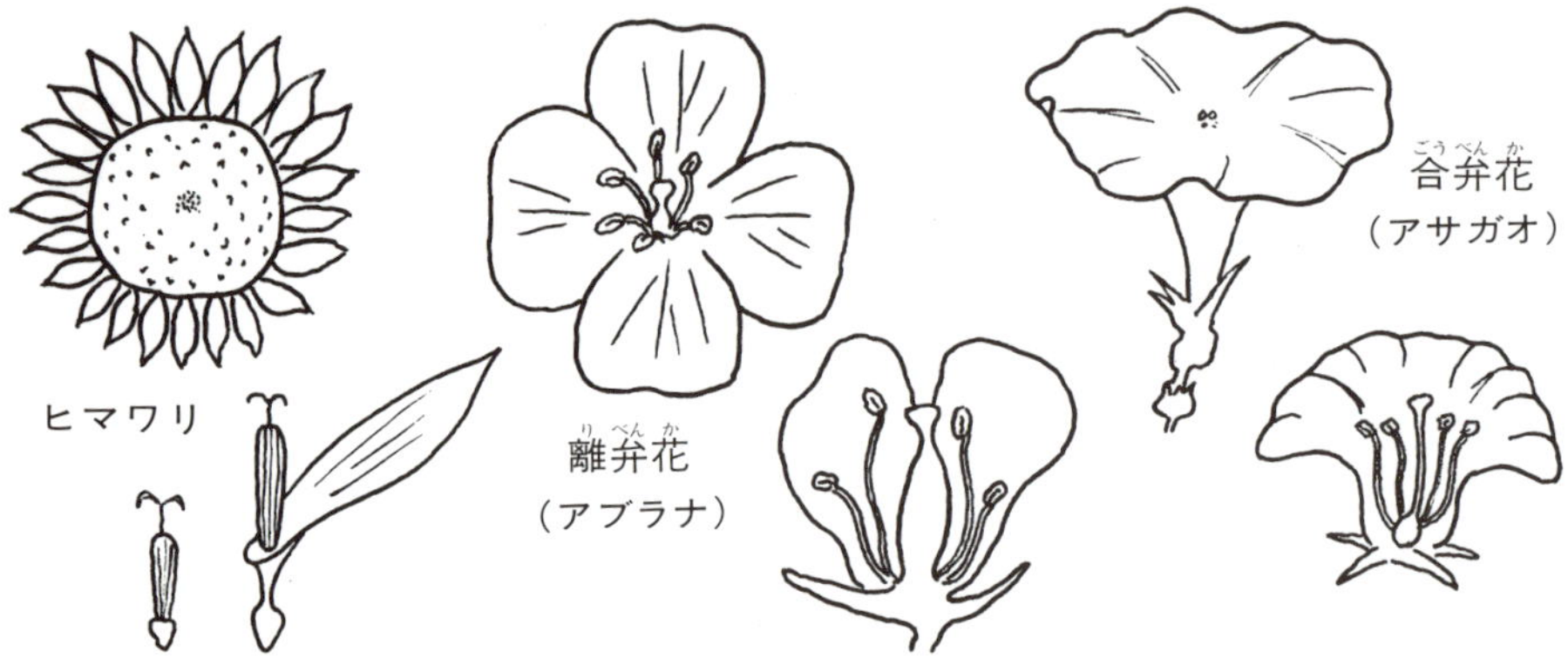

植物《しょくぶつ》は、なん十万《まん》というほどたくさんの種類《しゅるい》がありますが、それぞれの植物《しょくぶつ》は、ねやくきや花《はな》の形《かたち》にいろいろなとくちょうがみられます。なかでも、花《はな》のぶぶんに一番《ばん》とくちょうがあらわれていますから、花《はな》をみると、どのなかまであるかわかります。

アサガオ、キキョウ、リンドウなどの花《はな》では、花《はな》の先《さき》はわかれていますが、もとのほうはつつのようにつながっています。このように花《はな》びらがつながっているなかまを、合弁花《ごうべんか》の植物《しょくぶつ》といいます。

アブラナ、サクラ、スミレなどの花《はな》をみると、花《はな》びら、一まい一まいが、もとからはなれています。このように花《はな》びらがはなれているなかまを、離弁花《りべんか》の植物《しょくぶつ》といいます。

ではヒマワリは、合弁花《ごうべんか》と離弁花《りべんか》のどちらにはいるのでしょうか。

ヒマワリは、キクのなかまの植物《しょくぶつ》です。キクの花《はな》は、アサガオやアブラナの花《はな》とはちがって、小《ちい》さい花《はな》がたくさんあつまって一つの花《はな》になっています。ヒマワリも、キクと同《おな》じように小《ちい》さな花《はな》のあつまりで一つの花《はな》をつくっているのです。でもヒマワリは、キクとちがって外《そと》がわだけにしか花《はな》びらがありません。一つの花《はな》をとってみると、花《はな》びらのもとのほうがつつのようにつながっているのがわかります。ヒマワリは、合弁《ごうべん》花《か》の植物《しょくぶつ》なのです。

ヒマワリの花《はな》のしくみをみてみましょう。外《そと》がわの花《はな》びらを一まいぬきとってみると、花《はな》びらのもとのほうがつつのようにつながっています。また、はっきりみえない内《うち》がわの花《はな》をぬきとってみても、同《おな》じように、もとのほうがつながっています。（30ページ写真《しゃしん》をみてみよう）ヒマワリは、合弁花《ごうべんか》の小《ちい》さい花《はな》がたくさんあつまって、大《おお》きな花《はな》になっているのです。

↑ノアザミ。野原《のはら》にさく花《はな》だが，ヒマワリの内《うち》がわの花《はな》のように花《はな》びらがない。

↑フキノトウ。よくみると，花《はな》はヒマワリのつくりとにている。

〈ヒマワリとおなじキク科《か》のなかま〉

↓ヒャクニチソウ。中心《ちゅうしん》の花《はな》のようすは，ヒマワリとよくにている。

↓タンポポ。花《はな》びらのある小《ちい》さな花《はな》があつまってできている。

➡ヒマワリのかいりょうのようす。ほかのよい花《はな》から花《か》ふんをもってきて、めしべにつけている。

草花《くさばな》は、もともときれいな花《はな》をさかせていたわけではありません。花《はな》が小《ちい》さかったり、色《いろ》がうすかったりして、めだたないものがおおかったのです。

ヒマワリも、北《きた》アメリカの草原《そうげん》にしぜんにそだっていたころは、一種類《しゅるい》だったのでしょう。ところが長《なが》いあいだに、たがいの花《か》ふんが昆虫《こんちゅう》にはこばれて、べつの花《はな》のめしべについたりして、たまたま大《おお》きな花《はな》がさくようになり、それがだんだんふえていったのだと考《かんが》えられています。

また、人間《にんげん》がヒマワリと同《おな》じなかまのべつの花《はな》から花《か》ふんをとってつけたり、いろいろと手《て》をかして、花《はな》びらの大《おお》きい花《はな》、色《いろ》のちがう花《はな》、やえざきの花《はな》のように、かわったものをつくりだしました。このようなことを「品種《ひんしゅ》のかいりょう」といって、おおくの草花《くさばな》やさくもつをつくりだしています。

こうして、大《おお》きいたねのヒマワリから油《あぶら》をとるために、ロシアヒマワリがかいりょうしてできました。ふつうみられるヒマワリのおおくは、このロシアヒマワリです。カラーページでヒマワリといっているのも、ロシアヒマワリのことです。

↑ヤエヒマワリのさいばい畑《ばたけ》。きり花用《ばなよう》としてうえられている。せたけ50センチメートルくらい。

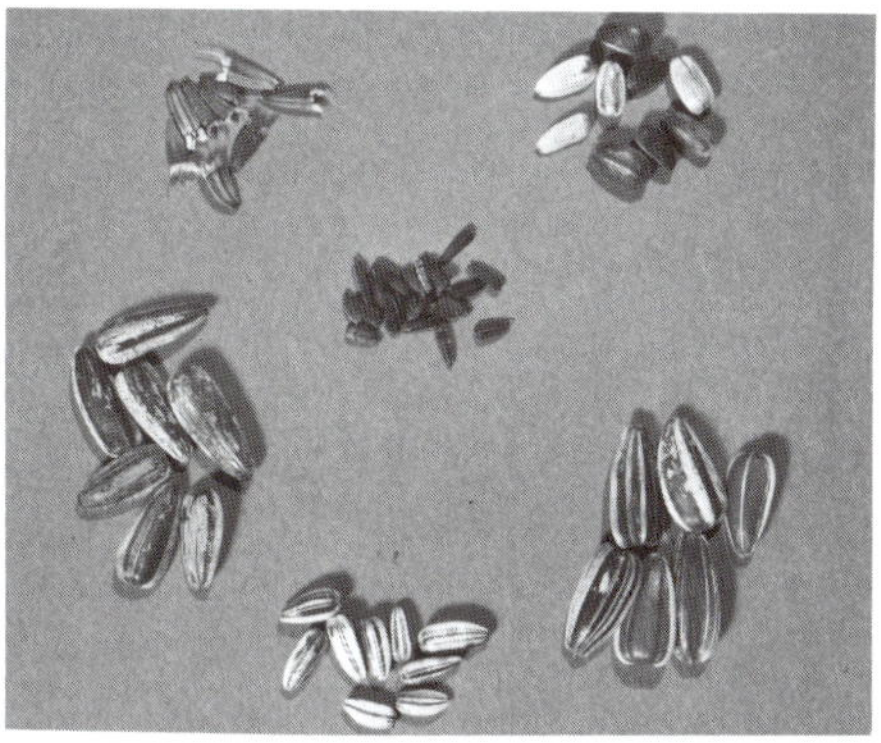

→かいりょうされてできた、ヒマワリのたねのいろいろ。

←ギンバヒマワリ。葉《は》とくきの毛《け》が長《なが》いのがとくちょう。

→ロシアヒマワリ。このヒマワリのたねから油《あぶら》がとれる。

←ヤエヒマワリ。花《はな》の大《おお》きさは、約《やく》十五センチメートル。

＊向日性《こうじっせい》と成長《せいちょう》

⬆たいようの向《む》きにかんけいなく，いろいろな向《む》きでさいているヒマワリ。

⬆10センチメートルくらいのとき，たいようの向《む》きといっしょにまわる。

ヒマワリは、まだ小《ちい》さいうちは、たしかにたいようのうごきにつれて、すこし向《む》きをかえました。でも、大《おお》きくなって花《はな》がさくころには、このうごきはもうみられませんでした。花《はな》は、たいようの向《む》きとはまったくかんけいなく、あっちを向《む》いたり、こっちを向《む》いたり、なかにはたいようにせを向《む》けるように、下《した》を向《む》いてさいているものさえあります。

どうしてでしょう。植物《しょくぶつ》のくきには、もともとたいようの光《ひかり》に向《む》かってのびる性質《せいしつ》があります。これは、植物《しょくぶつ》が成長《せいちょう》をつづけるとき、どんどん養分《ようぶん》をおぎなわなければならないので、養分《ようぶん》をつくるときのたいせつな役目《やくめ》をするたいようの光《ひかり》を、すこしでもおおくうけようとする、植物《しょくぶつ》の運動《うんどう》なのです。

この運動《うんどう》を向日性《こうじっせい》といい、植物《しょくぶつ》がまだ小《ちい》さく、成《せい》長《ちょう》がさかんなときほどつよくみられます。

しかし、植物《しょくぶつ》が大《おお》きく成長《せいちょう》してしまうと、くきがかたくなり、養分《ようぶん》をたくさんおぎなうひつようもなくなるので、ほとんどみられなくなってしまいます。

向日性《こうじっせい》は、どんなしくみでおきるのでしょう。

植物《しょくぶつ》のわかいくきに、よこから光《ひかり》をあてると、光《ひかり》のあたらないうしろがわのぶぶんに、成長《せいちょう》するもとになるホルモンがあつまってきます。そして、光《ひかり》のあたったぶぶんよりもおおく成長《せいちょう》をはじめるので、植物《しょくぶつ》のくきは、光《ひかり》のほうへまがるようになるわけです。このような向日性《こうじっせい》は、どの植物《しょくぶつ》にもみられる性質《せいしつ》です。

また、植物《しょくぶつ》のねは、地上《ちじょう》とははんたいに下《した》のほうへ、くきは、地面《じめん》とははんたいに上《うえ》のほうへのびる性質《せいしつ》をもっています。この性質《せいしつ》のおかげで、ねは地中《ちちゅう》いっぱいにはりめぐらされ、くきはどんどん高《たか》くのびていくことができるのです。

光《ひかり》の方向《ほうこう》にのびたハツカダイコン。

くきにはねとはちがって，地面《じめん》とはんたいの方向《ほうこう》にのびていく性質《せいしつ》がある。

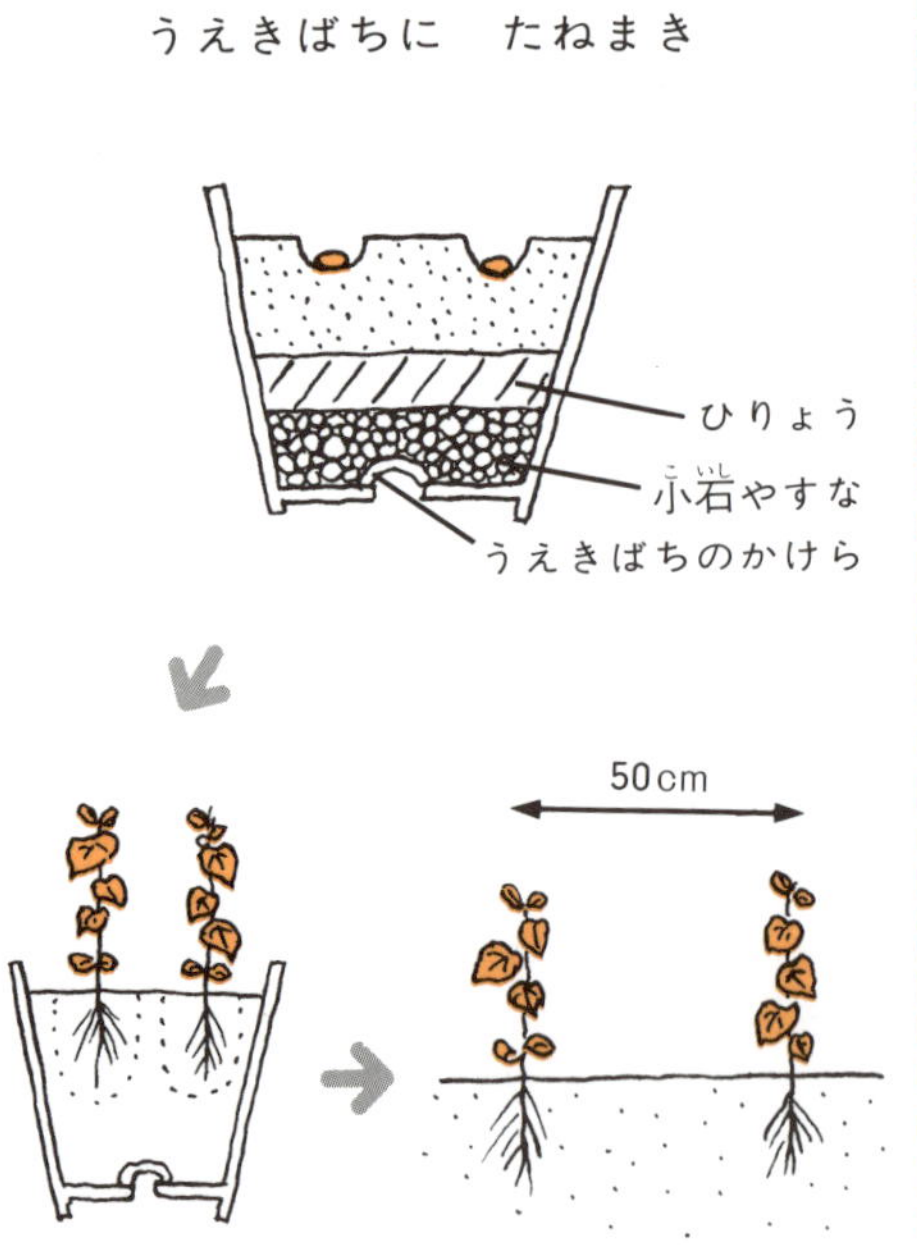

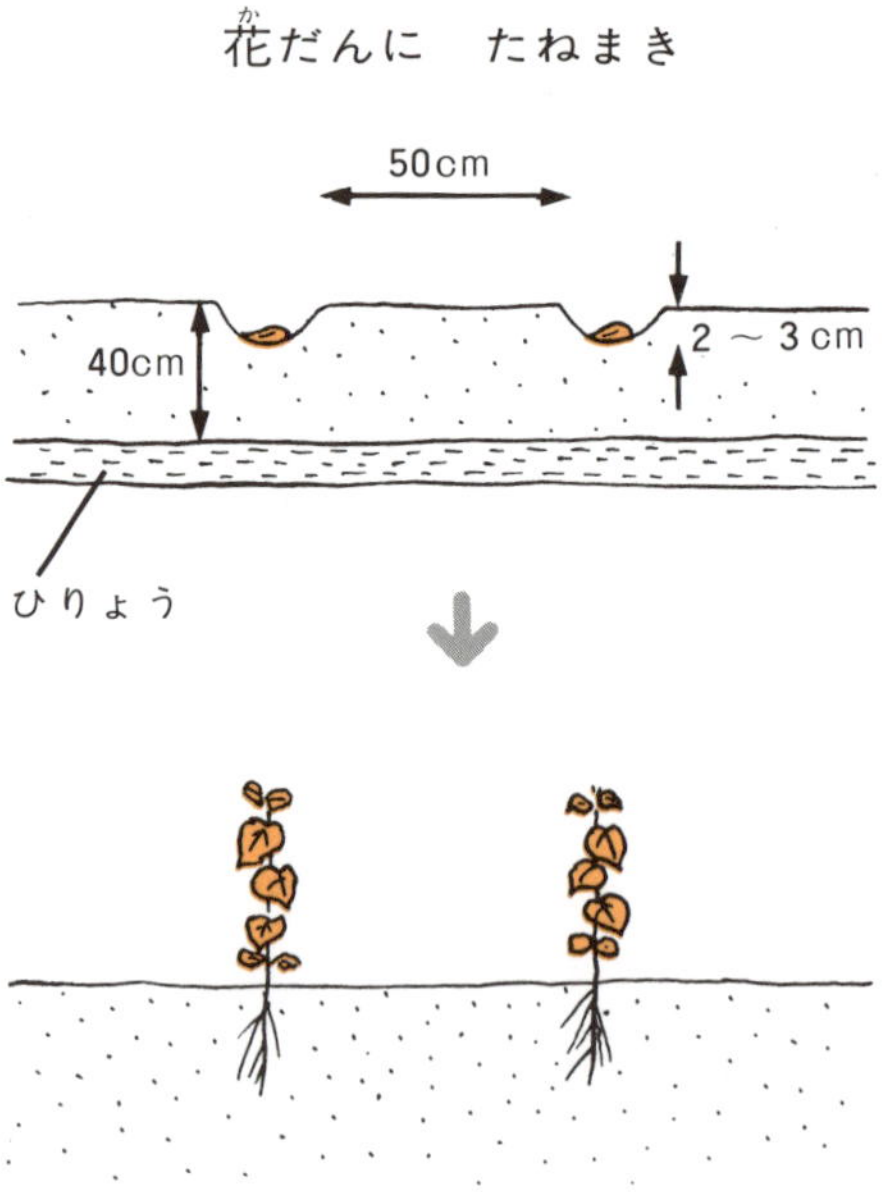

大《おお》きなヒマワリの花《はな》をさかせてみましょう。

(1)たねがだいじ

ヒマワリのたねをみると、大《おお》きくふくらんだかたいたねと、小《ちい》さくてうすいたねとがあります。ふくらんだかたいたねは、中《なか》の子葉《しよう》のぶぶんに、たくさんの養分《ようぶん》をふくんでいるので、じょうぶなめがでます。

(2)たねをえらぶには

水《みず》をいれたコップに、たねをいれてかきまぜます。しばらくしてうきあがったたねは、養分《ようぶん》のすくない、かるいたねですから、コップのそこにしずんだおもいたねだけをまきましょう。

(3)たねをまくとき

たねを地面《じめん》にまくときは、日《ひ》あたりのよい場所《ばしょ》をえらぶことがたいせつです。

ふかさ二〜三センチメートルのあなを、五十センチメートルくらいはなしてつくり、中《なか》にたねを

大《おお》きくなるようすを、かんさつしよう。

〈これでは　しっぱいします〉

うえすぎ

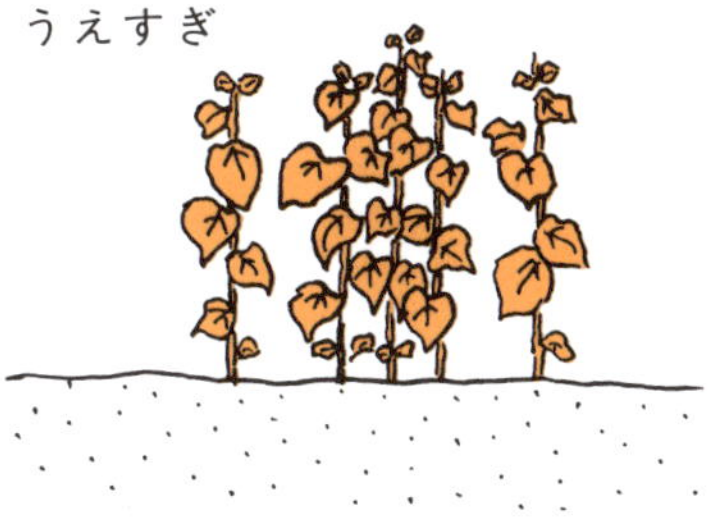

日《ひ》かげ

一つぶいれ、やわらかい土《つち》をかけておきます。

うえきばちにまくときは、あとでうえかえやすいように、二つぶくらいにします。

(4)たねをまいたあとは

まい日《にち》、朝《あさ》とひるごろに水《みず》をたっぷりやりましょう。たねは、土《つち》の中《なか》で水《みず》をすって、ねむりからさめ、めをだしてきます。

じょうぶな草花《くさばな》ですから、ひりょうはほとんどいりません。でも、ほん葉《ば》がでてから、米《こめ》のとぎじるをやったり、花屋《はなや》にあるハイポネックスを水《みず》でうすめたものを、ねもとに十五日《にち》に一かいくらいかけてやるとよくそだちます。

(5)うえかえるときは

うえきばちなどにたねをまいて、めがでてからうえかえるときは、ほん葉《ば》が四まいくらいのときにうえかえましょう。ねをいためないように、ねのまわりの土《つち》ごと、やわらかくした土《つち》の花《か》だんへうつします。

＊かんさつ日記《にっき》をつけてみよう

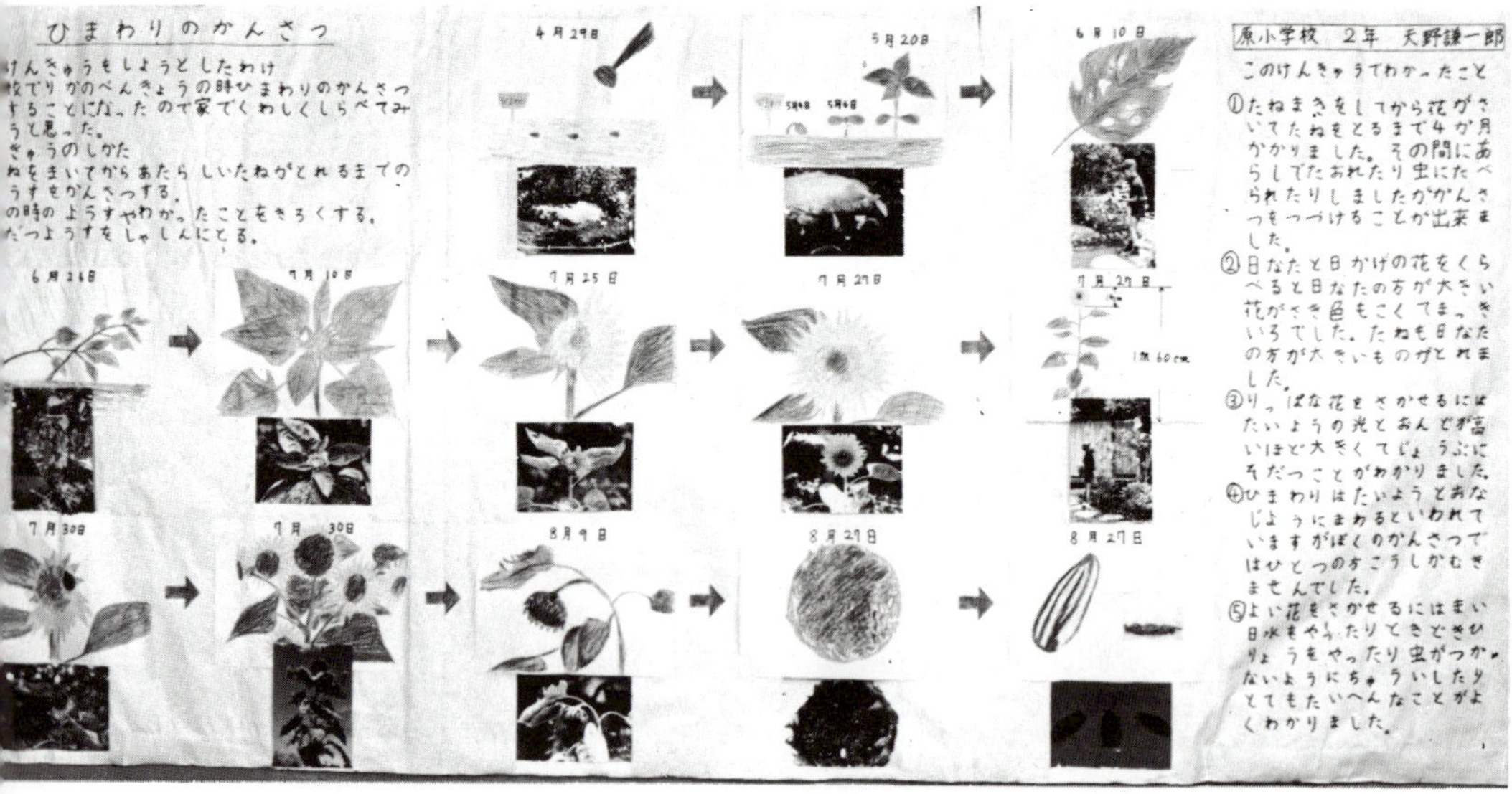

東京《とうきょう》の天野謙一郎《あまのけんいちろう》くんのかんさつ日記《にっき》。

ここに、かんさつ記録《きろく》の三つの例《れい》をしょうかいします。うえた場所《ばしょ》、時期《じき》によって、このようにヒマワリのそだちかたにもちがいがあることをしっておきましょう。

記録《きろく》は、つぎのことをまもって正《ただ》しくつけましょう。

(1)日《ひ》づけ、てんき、おんどをわすれずに

たねをまいた日《ひ》から記録《きろく》をはじめます。かんさつした日《ひ》づけ、その日《ひ》のてんき、おんどなどはそだっていくようすをしるめやすになるので、かいておきましょう。

(2)正《ただ》しい絵《え》をかく

上《うえ》の写真《しゃしん》のように、ときどきそだつようすをかんさつしますが、前《まえ》にかんさつしたときと、つぎにかんさつしたときのちがいをくらべるために、正《ただ》しい絵《え》をかいておくことがたいせつです。

(3)記録《きろく》をもとにまとめる

記録《きろく》がおわったら、つぼみができるまでなん日《にち》かかったか、花《はな》がさくまではなん日《にち》かというように、表《ひょう》にまとめたり、大《おお》きくなるようすをグラフにしたりします。

5月《がつ》1日《ち》
はれ　十八度《ど》
ヒマワリのたねを
まいた。

5月《がつ》5日《か》
はれ　十九度《ど》
めを　だした。

※めがでるまでなん日《にち》かかったか。

5月《がつ》7日《か》
くもり　十八度《ど》
めが　わかれて、
ふた葉《ば》に　なった。

※ふた葉《ば》のかたち、てざわりはどうか。

〈神奈川県《かながわけん》の市川正彦《いちかわまさひこ》くんのかんさつ記録《きろく》〉

5月《がつ》21日《にち》
はれ　二十度《ど》
ほん葉《ば》が、四まい
になった。
高《たか》さは、十五センチメートル。

※ほん葉《は》はどこからでてきたか。ふた葉《ば》とくらべてかたち、てざわりはどうか。

7月《がつ》13日《にち》
はれ　二十五度《ど》
つぼみが　ついた。
ほん葉《ば》は、ぜんぶで　三十八まいあった。
高《たか》さは、二メートルくらい。

※ほん葉《は》のつきかた、ひらきかたにきをつけよう。

8月《がつ》2日《か》
雨《あめ》　二十六度《ど》

花《はな》びらが　ひらきはじめた。
時《と》計《けい》のはりの　まわる方向《ほうこう》に、じゅんじょよく　ひらいていった。

※さきはじめる花《はな》のいち、さきすすむ方向《ほうこう》は、どの花《はな》も同《おな》じだろうか。

8月《がつ》4日《か》
はれ　二十七度《ど》

花《はな》びらが　ぜんぶひらいた。
花《はな》びらの　内《うち》がわの色《いろ》が、まわりから　だんだん　かわってきた。

※なん日《にち》くらいで、さきおわるか。

8月《がつ》15日《にち》
はれ　二十八度《ど》

花《はな》びらが　ちって、下《した》を　向《む》いてきた。

※たねが　じゅくしていくのは、外《そと》がわからか、内《うち》がわからか。

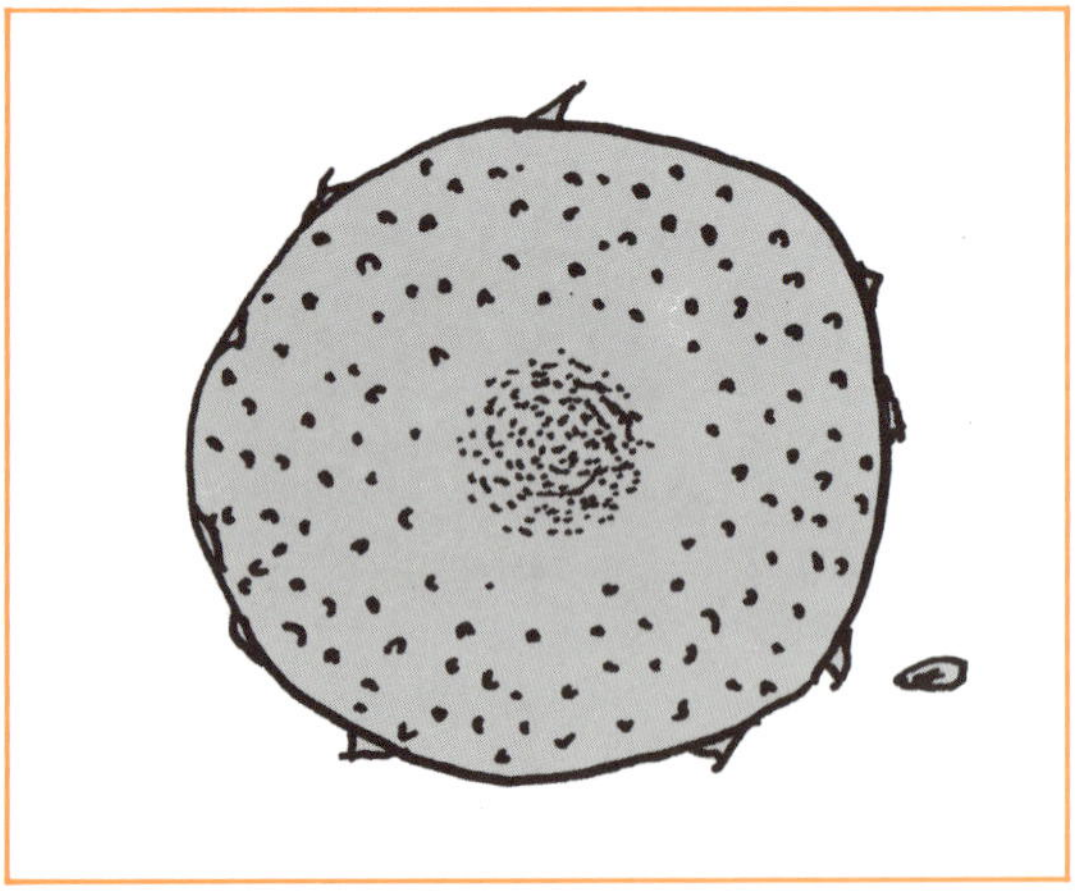

9月《がつ》6日《か》
くもり　二十三度《ど》

たねが　みのった。
たねは、ぜんぶで千二百五十二こあった。

※花《はな》のいちによるたねのかず、大《おお》きさをくらべてみよう。

ほん葉《ば》のかずを　しらべてみましょう

ほん葉《ば》がふえていくようすを，まとめましょう。
〈千葉県《ちばけん》の中村悦子《なかむらえつこ》さんの記録《きろく》〉

5月《がつ》13日《にち》 ほん葉《ば》がでた	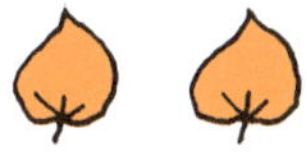
5月《がつ》20日《か》	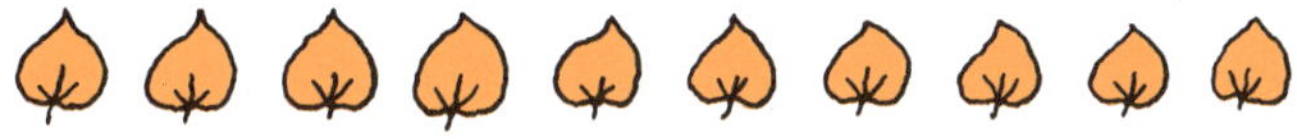
6月《がつ》18日《にち》 つぼみができた	
7月《がつ》12日《にち》 花《はな》がさいた	
8月《がつ》5日《か》 たねがみのった	

葉《は》のつきかたを　しらべてみましょう

ヒマワリの葉《は》のつきかたを，見《み》てみましょう。どの葉《は》も，できるだけかさなりあわないようについています。一ばんめの葉《は》と二ばんめの葉《は》，二ばんめの葉《は》と三ばんめの葉《は》のかくどをくらべてみると，ほとんど同《おな》じかくどです。もっとよくみると，時計《とけい》の針《はり》がすすむのと同《おな》じ方向《ほうこう》で，円《えん》をえがくようについています。

〈うえからみた葉《は》〉

〈よこからみた葉《は》〉

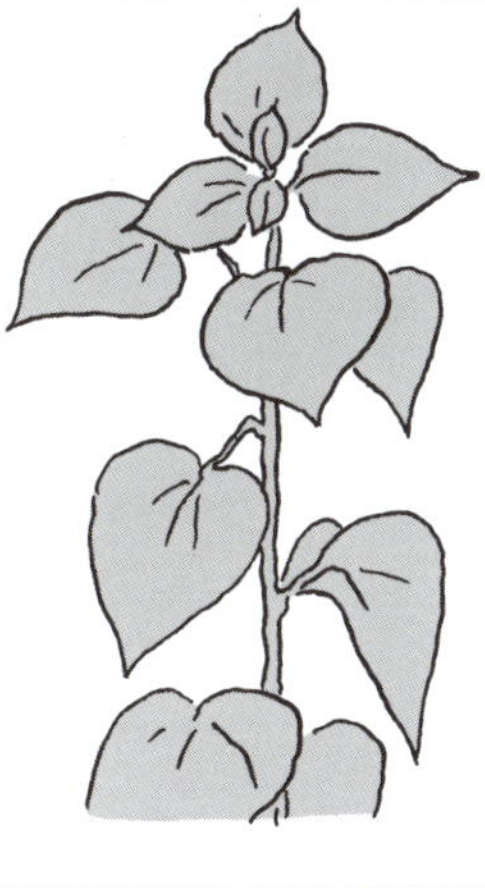

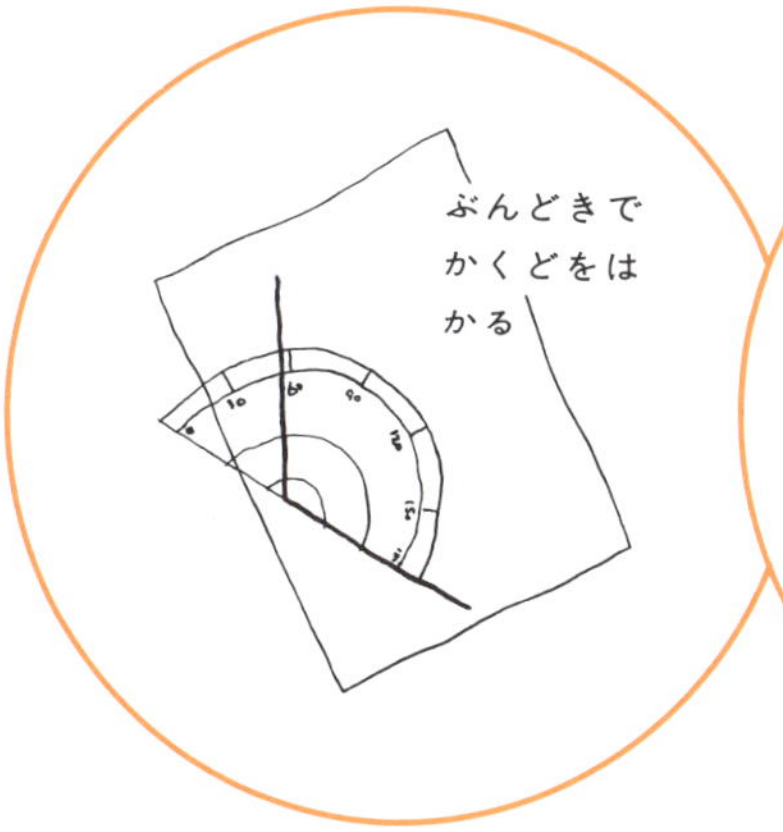

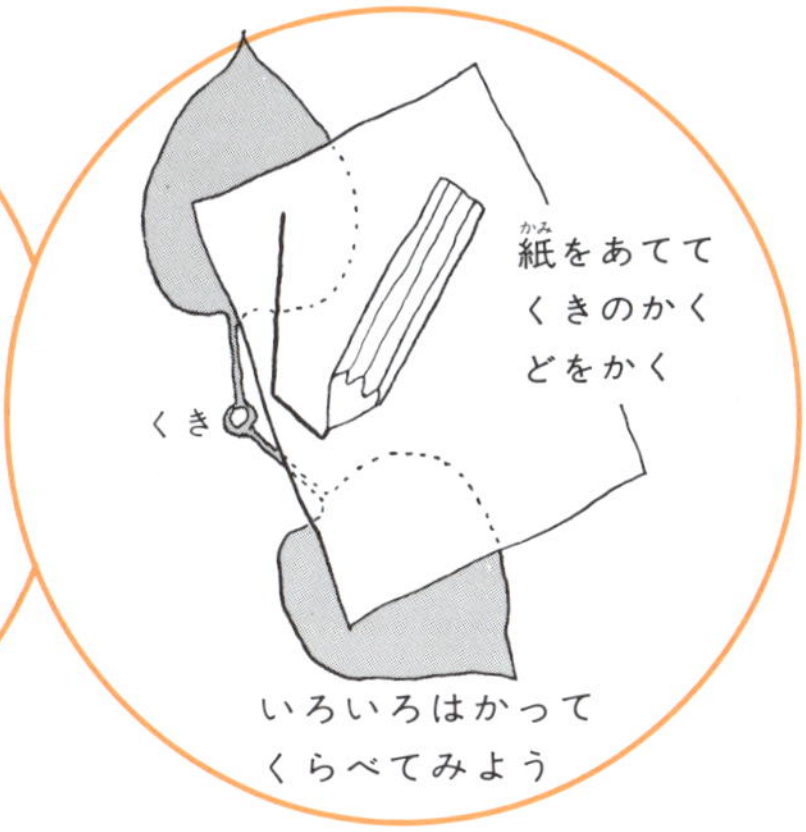

あとがき

真夏《まなつ》の光《ひかり》をあびて、大空《おおぞら》におどるヒマワリは、まさに「太陽《たいよう》の花《はな》」そのものです。都会《とかい》の家《いえ》の庭《にわ》のかたすみにさくヒマワリ、きらびやかな花屋《はなや》に並《なら》べられているヒマワリは、なぜかさびしい。やっぱり、ヒマワリは青空《あおぞら》に向《む》かって、カッと大輪《たいりん》を輝《かがや》かせているさまが一番《ばん》ふさわしいと思《おも》います。

上高地《かみこうち》のふもと、波多村《はたむら》にヒマワリが群生《ぐんせい》していると聞《き》き、車《くるま》を走《はし》らせました。松本市内《まつもとしない》にはいると、国道沿《こくどうぞ》いには街路樹《がいろじゅ》の木々《きぎ》と並《なら》んで、排気《はいき》ガスの中《なか》でヒマワリが数《すう》キロにわたって続《つづ》いていました。「すぐそこです」といういなかの人《ひと》の案内《あんない》は、デコボコ道《みち》をかなり走《はし》らなければなりませんでした。

やっと群生地《ぐんせいち》につくと、三メートルもある飼料用《しりょうよう》のトウモロコシと背《せ》たけをきそって、大輪《たいりん》のヒマワリがあちこちに見《み》られました。夢中《むちゅう》でシャッターを切《き》りましたが、イタリア映画《えいが》「ひまわり」の群生《ぐんせい》シーンそのものでした。

この本《ほん》が出版《しゅっぱん》されるにあたって、たくさんの人《ひと》の御指導《ごしどう》、御協力《ごきょうりょく》をいただきました。文《ぶん》を書《か》いていただいた白子森蔵《しらこもりぞう》先生《せんせい》、サカタ種苗株式会社《しゅびょうかぶしきがいしゃ》の阿久津《あくつ》さんと試験場《しけんじょう》のかたがた、カメラマンの佐藤有恒《さとうゆうこう》先生《せんせい》、あかね書房《しょぼう》の山下明生《やましたはるお》さん、岡崎務《おかざきつとむ》さん、七尾《ななお》企画《きかく》の七尾純《ななおじゅん》さん、石原蓉子《いしはらようこ》さんに心《こころ》からお礼《れい》を申《もう》しあげます。

叶沢《かのうざわ》　進《すすむ》

（一九七三年七月）

NDC470
叶沢　進
科学のアルバム 植物 3
ヒマワリのかんさつ

あかね書房 2022
54P　23×19cm

科学のアルバム
ヒマワリのかんさつ

一九七三年七月初版
二〇〇五年 四 月新装版第 一 刷
二〇二二年一〇月新装版第一二刷

著者　叶沢　進
白子森蔵

発行者　岡本光晴
発行所　株式会社 あかね書房
〒一〇一－〇〇六五
東京都千代田区西神田三－二－一
電話〇三－三二六三－〇六四一（代表）
ホームページ http://www.akaneshobo.co.jp
印刷所　株式会社 精興社
写植所　株式会社 田下フォト・タイプ
製本所　株式会社 難波製本

ISBN978-4-251-03325-3
定価は裏表紙に表示してあります。
落丁本・乱丁本はおとりかえいたします。

○表紙写真
・内《うち》がわの花《はな》がさきはじめたヒマワリ

○裏表紙写真（上から）
・花《はな》びらがひらきはじめたヒマワリの花《はな》
・内《うち》がわの花《はな》のめしべ
・ヒマワリの花畑《はなばたけ》

○扉写真
・よこからみたつぼみ

○目次写真
・まん中《なか》から切《き》ったヒマワリの花《はな》

科学のアルバム

全国学校図書館協議会選定図書・基本図書
サンケイ児童出版文化賞大賞受賞

虫

モンシロチョウ
アリの世界
カブトムシ
アカトンボの一生
セミの一生
アゲハチョウ
ミツバチのふしぎ
トノサマバッタ
クモのひみつ
カマキリのかんさつ
鳴く虫の世界
カイコ まゆからまゆまで
テントウムシ
クワガタムシ
ホタル 光のひみつ
高山チョウのくらし
昆虫のふしぎ 色と形のひみつ
ギフチョウ
水生昆虫のひみつ

植物

アサガオ たねからたねまで
食虫植物のひみつ
ヒマワリのかんさつ
イネの一生
高山植物の一年
サクラの一年
ヘチマのかんさつ
サボテンのふしぎ
キノコの世界
たねのゆくえ
コケの世界
ジャガイモ
植物は動いている
水草のひみつ
紅葉のふしぎ
ムギの一生
ドングリ
花の色のふしぎ

動物・鳥

カエルのたんじょう
カニのくらし
ツバメのくらし
サンゴ礁の世界
たまごのひみつ
カタツムリ
モリアオガエル
フクロウ
シカのくらし
カラスのくらし
ヘビとトカゲ
キツツキの森
森のキタキツネ
サケのたんじょう
コウモリ
ハヤブサの四季
カメのくらし
メダカのくらし
ヤマネのくらし
ヤドカリ

天文・地学

月をみよう
雲と天気
星の一生
きょうりゅう
太陽のふしぎ
星座をさがそう
惑星をみよう
しょうにゅうどう探検
雪の一生
火山は生きている
水 めぐる水のひみつ
塩 海からきた宝石
氷の世界
鉱物 地底からのたより
砂漠の世界
流れ星・隕石